U0168476

身边生动的自然课

岸边水鸟王国

高　颖◎主编　吕忠平◎绘

吉林科学技术出版社

图书在版编目（CIP）数据

岸边水鸟王国 / 高颖主编. — 长春 : 吉林科学技术出版社， 2021.3
（身边生动的自然课）
ISBN 978-7-5578-5257-3

Ⅰ. ①岸… Ⅱ. ①高… Ⅲ. ①水生动物—鸟类—儿童读物 Ⅳ. ①Q959.7-49

中国版本图书馆CIP数据核字(2018)第300012号

身边生动的自然课　岸边水鸟王国

SHENBIAN SHENGDONG DE ZIRANKE　ANBIAN SHUINIAO WANGGUO

主　　编　高　颖
绘　　者　吕忠平
出 版 人　宛　霞
责任编辑　杨超然　汪雪君
封面设计　纸上魔方
制　　版　纸上魔方
幅面尺寸　226 mm × 240 mm
开　　本　12
印　　张　4
字　　数　32千字
印　　数　1—6000册
版　　次　2021年3月第1版
印　　次　2021年3月第1次印刷

出　　版　吉林科学技术出版社
发　　行　吉林科学技术出版社
地　　址　长春净月高新区福祉大路5788号出版集团A座
邮　　编　130118
发行部电话/ 传真　0431-81629529　81629530　81629531
81629532　81629533　81629534
储运部电话　0431-86059116
编辑部电话　0431-81629520
印　　刷　吉林省创美堂印刷有限公司

书　　号　ISBN 978-7-5578-5257-3
定　　价　19.90元

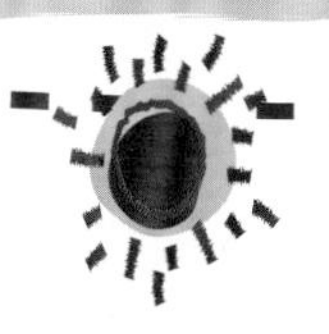

前 言

“物竞天择，适者生存。”无论身处何种环境，生物总是用自己独特的生存方式演绎着生命的乐章，它们与人类的发展相依相伴。它们拥有独特的优势，凭借着自身的智慧繁衍着。

本系列图书带我们走入生物的世界，揭开大自然的奥秘。从鸟类捕食的致命一扑，到海滨动物奇妙的家；从动植物特征到动植物分类。针对生物界神秘的语言、复杂的生存环境，将它们的生长、繁育、捕猎、防御、迁徙、共生等生活细节以精美的插画形式充分展现，帮助小读者形成较完整、准确的生物知识架构，建立学科思维。

目录

斑头鸬鹚 10页

黑冠夜鹭 11页

小白鹭 12页

苍鹭 13页

红嘴鸥 33页

绿翅鸭 36页

针尾鸭 37页

凤头潜鸭 38页

红冠水鸡 39页

水雉 40页

鸿雁 41页

白额雁 42页

凤头麦鸡 43页

黑颈鹤 44页

草鹭 45页

东方白鹳 14页
黑脸琵鹭 15页
豆雁 16页
大天鹅 17页
鸳鸯 20页
绿头鸭 21页
花脸鸭 22页
鱼鹰 23页
丹顶鹤 24页
黑尾鸥 25页
翠鸟 26页
厚嘴苇莺 27页 
灰雁 28页
文须雀 29页
鹊鸭 30页
斑头秋沙鸭 31页
白尾海雕 32页

斑头鸬鹚

【鸬鹚属】

斑头鸬鹚主要栖息在人迹罕至的海边岩石上，以鱼类为食。它有一张又长又直、前端弯曲的嘴，它就是靠这张嘴和非凡的潜水能力成为捕鱼高手的。它能够在水下待长达一分钟的时间，捕到的鱼一时吃不完，它就会把鱼储存在喉囊里。

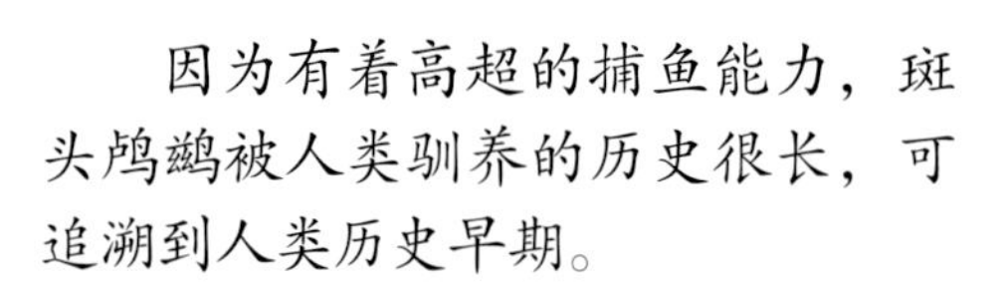

因为有着高超的捕鱼能力，斑头鸬鹚被人类驯养的历史很长，可追溯到人类历史早期。

它站在岩石上展开双翅晾晒自己的羽毛。

别称：绿鸬鹚、绿背鸬鹚

目：鹈形目

科：鸬鹚科

体长：约 84 厘米

黑冠夜鹭

【夜鹭属】

黑冠夜鹭喜欢在黄昏和晚上出来活动、觅食。只有雌鸟和雏鸟偶尔会在白天出来觅食。捕食的时候，它会站在水里或水边静静地等着，缩着脖子认真地盯着水里，一旦发现猎物的踪迹，就会快速地伸长脖子，张开嘴将猎物衔住，然后饱餐一顿。

夜鹭的嘴巴为黑色，腹部为白色，蓝黑色的头上有白色的饰羽。

雏鸟的嘴巴根部为黄色，前端为黑色，棕色的羽毛间有白色羽毛点缀。

别称：无

目：鹳形目

科：鹭科

体长：58~65 厘米

小白鹭

（白鹭属）

小白鹭全身洁白，形态优雅，喜欢生活在水田、河口等地，常常迈着长腿在水里走动，有时停下来用脚在水里拨动或翻动水草。每当鱼、虾、水生昆虫受到惊吓钻出来时，小白鹭便趁机捕食。繁殖期间，它们筑的巢像一个浅浅的盘子。刚刚破壳而出的雏鸟需要雌雄亲鸟共同照顾。

它的眼睛和脚为黄色，腿和嘴巴为黑色，繁殖期间长出来的白色饰羽，像两根坠在脑后的小辫子。

在水中捕捉到较大的鱼时，小白鹭会直接用嘴将其夹起来。

别称：白鹭、白鹭鸶（sī）、白翎鸶

目：鹳形目

科：鹭科

体长：约 55~65 厘米

苍鹭很有耐心，常常一动不动地站在水里等待猎物。苍鹭捕捉到猎物时，用嘴巴紧紧夹住，直到猎物死掉之后，才会将猎物翻转过来从头部开始吞下去。它喜欢吃鱼、泥鳅、蛙、昆虫等动物。繁殖期间，苍鹭会隔一天产一枚蛋，一般每窝会产 3~5 枚蛋，由雌雄亲鸟轮流孵蛋。

苍鹭

【苍鹭属】

苍鹭常用树枝在高大的树顶上筑巢，而且常常和小白鹭、黑冠夜鹭等一起筑巢。

飞行时，苍鹭将长脖子缩起来，双腿伸得笔直。

别称：老等、灰鹳、青庄

目：鹳形目

科：鹭科

体长：约 90~98 厘米

东方白鹳属于冬候鸟，在我国，它的繁殖地主要集中在东北地区。不过，现在只有在黑龙江省偶尔能看到它们的身影，它们的数量稀少，全世界大概只有 300 只。每年 3 月初，东方白鹳陆续来到东北繁殖地筑巢产卵。它体形大，食量大，需要捕食大量猎物来维持生存。它们常常集结成一小群活动、觅食。

东方白鹳主要生活在河口、水田、沙滩、水塘等地方，以泥鳅、鲤鱼和蚱蜢等为食。它们崇尚“一夫一妻”制，如果配对成功，那么，它们就成为彼此永远的伴侣。雏鸟由雌雄亲鸟共同抚养。

东方白鹳

【鹳属】

它的嘴巴为黑色，基部较粗，越往尖端越细；长长的腿和脚为红色；尾部呈黑色。

别称：老鹳

目：鹳形目

科：鹳科

体长：约 112 厘米

黑脸琵鹭

【琵鹭属】

黑脸琵鹭常常在沙滩上觅食，喜欢吃小鱼、虾，还会吃一些软体动物和昆虫。春天到来的时候，它们会飞往北方进行繁殖，尤其集中在我国的东北地区。秋天时，它们又会飞往南方过冬。还有一部分黑脸琵鹭属于留鸟，不跟随季节迁徙。黑脸琵鹭的数量稀少，是国家二级保护动物。

嘴巴上的纹路跟年龄有关，年龄越大，纹路越多。

繁殖期时，它头部的黄色冠羽变得更长，胸部长出黄色色带。

别称：小琵鹭、黑面鹭、黑琵鹭、琵琶嘴鹭

目：鹳形目

科：鹮科

体长：约 60~78 厘米

豆雁

【雁属】

豆雁长得有点像鸭子，属于鸭科。它的警惕性非常高，而且很有责任心。豆雁喜欢群居，晚上一起睡觉的时候，会有一两只豆雁充当警卫。秋天的时候，豆雁会飞往温暖的南方过冬，由年长的豆雁在前面带头，其余的跟在它身后排成有趣的队形，一会儿变成“一”字形，一会儿又变成“人”字形。

秋天的时候，它们排着有序的队伍往南方迁徙。

豆雁喜欢群居生活，集体出来觅食。

别称：大雁、麦鹅

目：雁形目

科：鸭科

体长：约 65~85 厘米

大天鹅是一种冬候鸟，秋天时结队飞往温暖的南方过冬，春天又会飞回北方繁殖。它们一旦认定一个伴侣，就会不离不弃地与伴侣共度一生。大天鹅非常有责任感，它们会和自己的家人生活在一起，保护自己的后代。

大天鹅将头潜入水中觅食。它的警惕性很高，以单腿站立的姿势睡觉。

大天鹅

【天鹅属】

大天鹅全身披着洁白的羽毛，脖颈修长。

别称：鹄、黄嘴天鹅

目：雁形目

科：鸭科

体长：140~160 厘米

鸳鸯

【鸳鸯属】

鸳鸯一般成双成对出现，雄性鸳鸯的羽毛靓丽鲜艳，而雌性的羽毛基本上都是暗淡的棕灰色。鸳鸯主要栖息在山沟、河流、水塘中，主要以橡子和草籽为食，偶尔也吃蜗牛、小鱼等小动物。

出生第二天的雏鸟就能跟妈妈去水里学游泳了。

繁殖期间，雄性鸳鸯的嘴巴为红色，毛色靓丽。

别称：乌仁哈钦、官鸭

目：雁形目

科：鸭科

体长：40~45 厘米

雄性绿头鸭的嘴巴是黄绿色的，头和颈部是带着金属光泽的绿色，有白色的领环；雌性绿头鸭的嘴巴为黑褐色，整个身体呈浅棕色。

绿头鸭【鸭属】

绿头鸭和家养的鸭子体态十分相似，绿头鸭的脚上长有蹼，擅长游泳，主要生活在水塘、水田和江河里，以草籽和谷物为主要食物。白天，绿头鸭会待在河岸上或者沙滩上休息，也会去水里游泳嬉戏，到了黄昏便飞到农田里觅食。快到冬天的时候，绿头鸭便集体迁徙去温暖的南方过冬。

别称：大绿头、大红腿鸭

目：雁形目

科：鸭科

体长：50~65 厘米

花脸鸭喜欢生活在湖泊、江河、水塘、沼泽等地。白天，它们通常会成群地在水面上游泳或者休息；黄昏以后，它们就会成群地飞到附近的水田里觅食。花脸鸭喜欢吃植物种子、水草的嫩芽、菱角等。

秋天到来时，花脸鸭会形成非常庞大的迁徙队伍，飞往温暖的南方越冬，它们的迁徙队伍在空中像乌云一样黑压压的。

花脸鸭

【鸭属】

别称：巴鸭、黑眶鸭、眼镜鸭

目：雁形目

科：鸭科

体长：37~44 厘米

鱼鹰

【鹗属】

鱼鹰生活在海边、河口、水塘等水域，主要以鱼类为食。它常常在水面上盘旋，看到水中的鱼之后迅速地俯冲下去，用尖利的爪子将鱼儿牢牢抓住。鱼鹰是一种很固执的鸟类，如果它抓到比自己体重重数倍的大鱼，一般不会松开爪子，而是死死地抓住鱼，想将它带回巢穴，但有时会被过重的猎物拖累得无法起飞，导致淹死。

鱼鹰的体形较大，翅膀更是又长又大，翅膀完全舒展开，长度超过 150 厘米。

看到鱼后，鱼鹰会毫不犹豫地伸出利爪，俯冲而下，抓住鱼后轻松地跃起，速度非常快。

尖利的爪子上有很多突起，能轻松抓住光滑的鱼。

别称：鹗

目：隼形目

科：鹗科

体长：53~58 厘米

丹顶鹤

【鹤属】

丹顶鹤体态优雅，飞翔时轻盈曼妙，它的寿命跟人类相近，所以自古以来就是长寿、吉祥的象征。

秋天时，它们会集群飞往温暖的南方过冬。丹顶鹤终生只有一位伴侣。繁殖期间，它们会一边跳舞一边鸣叫，画面和谐美好。

它们在浅水中觅食，主要以鱼、虾、水生昆虫等为食，也会吃植物的茎、叶、果实等。它们常常结成小群出去活动和觅食。

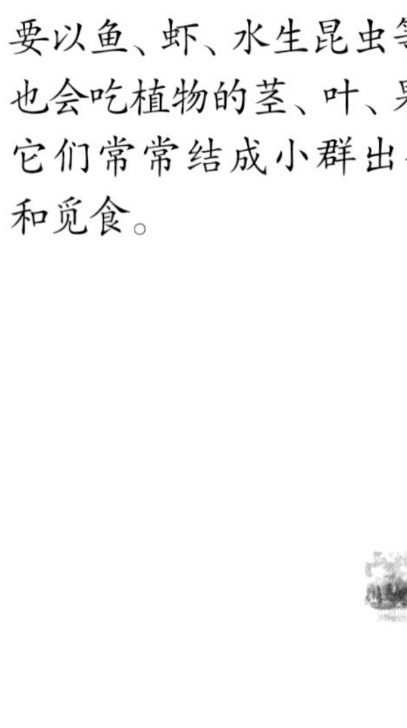

别称：仙鹤、红冠鹤

目：鹤形目

科：鹤科

体长：120~160 厘米

黑尾鸥经常在海面上空飞翔，鸣叫声很像猫叫。黑尾鸥主要以鱼类为食，看到水中鱼群游动时，它们会迅速集结过来猎取食物。所以，依据这一现象，渔民只要看到海域上空突然出现很多黑尾鸥，就会把船开到那里捕鱼。

黑尾鸥

【鸥属】

黑尾鸥喜欢在海岸的悬崖峭壁上筑巢繁育，以避免天敌的袭击。雏鸟由雌雄亲鸟共同抚育。

黑尾鸥每窝产卵2~4枚，卵为棕色，上面有黑色斑点。刚孵化出来的雏鸟长着浅棕色的绒毛，等2~3年后，就会变成白色。

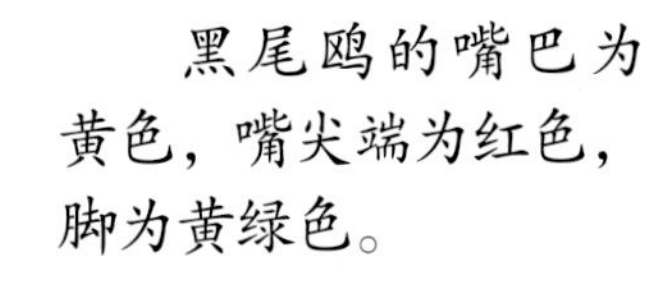

黑尾鸥的嘴巴为黄色，嘴尖端为红色，脚为黄绿色。

别称：无

目：鸥形目

科：鸥科

体长：43~51 厘米

翠鸟

【翠鸟属】

翠鸟虽然体形娇小，但捕鱼的时候迅猛如虎，所以也被称为“鱼虎”。翠鸟常常静静地停在树枝上观察水面的动静，一旦发现有鱼游动，它就“嗖”地一下向水面俯冲，用它坚硬的长嘴巴叼住鱼，飞到岸边用力地将嘴里的鱼摔打在石头上。等鱼被摔死后，翠鸟才把它吞下去。

翠鸟一头扎进水里，用尖利的嘴夹住鱼后，飞向高空。整个过程不过 2~3 秒。

别称：鱼虎、鱼狗、钓鱼翁、金鸟仔

目：佛法僧目

科：翠鸟科

体长：15~18 厘米

厚嘴苇莺

【苇莺属】

厚嘴苇莺身型小巧，性格活泼，总是在芦苇丛中飞来飞去，高高的芦苇总是挡住厚嘴苇莺的身影。所以我们一般只能听到它的叫声，却看不到它的身影。春天，厚嘴苇莺会从温暖的南方飞回繁殖地繁育后代，它将巢筑在芦苇之间，以蜘蛛、甲虫、蚁类、蝉为食。厚嘴苇莺产的卵是椭圆形的，卵壳为灰色，上面遍布着不规则的褐色斑点。

厚嘴苇莺身体为黄褐色，腹部为灰白色。

厚嘴苇莺筑的巢近似碗形，用枯叶、树枝等筑造而成。

别称：苇串儿、大苇扎、芦蝈蝈

目：雀形目

科：鹟科

体长：16~20 厘米

灰雁不仅可以游泳，还可以在陆地上行走、奔跑。灰雁喜欢群居，白天常成群结队地去湖泊、河口、湿草地或者沼泽地觅食。灰雁的嘴虽短但坚实有力，它能用嘴巴挖掘树根作为食物。群体觅食时，雁群中总有几只灰雁担任大家的警卫，一旦发现敌情就立即扇动翅膀飞向高空，同伴们则会“扑啦啦”地跟着飞起来。

灰雁

【雁属】

灰雁飞翔时会用力拍打双翅，样子显得很笨拙，有时会边飞边鸣叫。

别称：大雁、沙鹅、灰腰雁、红嘴雁

目：雁形目

科：鸭科

体长：70~90 厘米

灰雁在地上的浅凹处筑巢，巢由芦苇、干草等围成环形，里面铺上树叶、绒毛。

文须雀的体形小，全身毛茸茸的，就像一团小毛球。文须雀喜欢生活在池塘、湖泊以及河流沿岸的芦苇丛中。它们性格活泼，经常一起在芦苇丛间跳来跳去。当它们落在芦苇丛底部嬉戏时，虽然看不到它们的身影却能听到它们的鸣叫声。当芦苇开花的时候，它们会飞到芦苇的枝头，用小巧的嘴巴啄食芦花籽。

文须雀

【文须雀属】

芦苇丛是文须雀天然的避风港。在繁殖期间，它们会将巢筑在芦苇之间。

别称：无

目：雀形目

科：鹟科

体长：15~18 厘米

因为眼睛是金黄色的，所以鹊鸭也被叫作“金眼鸭”。雄性和雌性鹊鸭的毛色不同，雄性的羽毛主要由黑白两种颜色构成，嘴的两边各有两个很大的白色圆斑，翅膀上有很显眼的白色斑块，跟喜鹊相似，所以也被称为“喜鹊鸭”。雌性的鹊鸭羽毛基本为灰褐色。

鹊鸭

【鹊鸭属】

游泳时，鹊鸭的尾巴会翘起来。雄性的头部为黑色，泛着绿色金属光泽，雌性为暗褐色。

别称：喜鹊鸭、金眼鸭、白脸鸭

目：雁形目

科：鸭科

体长：32~50 厘米

斑头秋沙鸭

【秋沙鸭属】

斑头秋沙鸭喜欢在平静的湖面上活动，可以一整天漂浮在水面上。喙前端呈钩状，上喙长有尖利的类似牙齿的突起，这是它捕鱼的利器。一旦发现猎物，它会立即潜入水中进行抓捕，而且能够轻而易举地夹住滑溜溜的鱼。休息时，斑头秋沙鸭会到岸边的浅水中游荡，或者跳到石头上晒太阳。

繁殖季节，雄性斑头秋沙鸭的头颈变为白色，眼周为黑色。

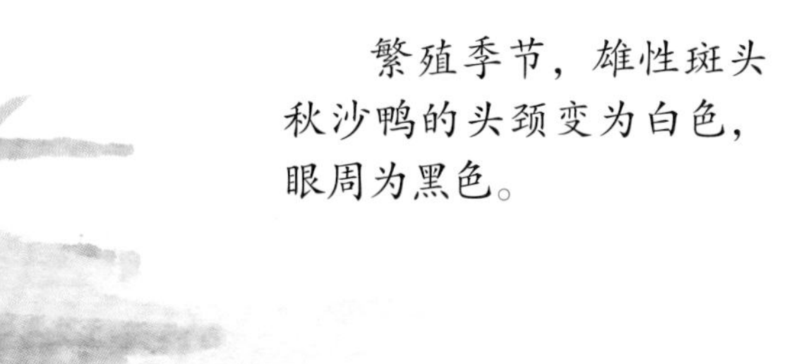

别称：白秋沙鸭、川秋沙鸭

目：雁形目

科：鸭科

体长：34~45 厘米

白尾海雕

【海雕属】

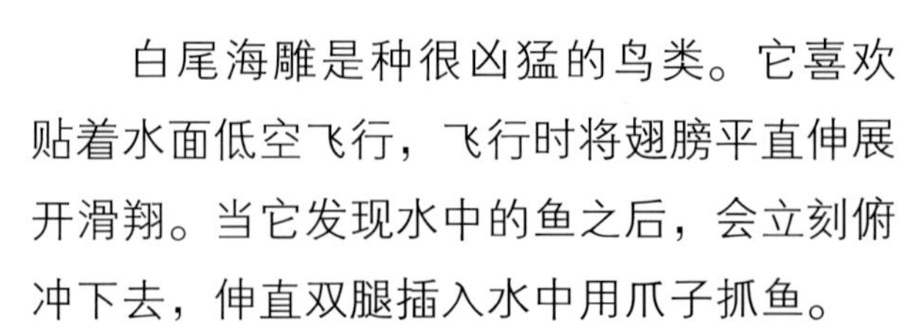

白尾海雕是种很凶猛的鸟类。它喜欢贴着水面低空飞行，飞行时将翅膀平直伸展开滑翔。当它发现水中的鱼之后，会立刻俯冲下去，伸直双腿插入水中用爪子抓鱼。

冬季快来临时，白尾海雕会飞往温暖的地方越冬。繁殖期间，它会在悬崖凸出的岩石上或者粗壮的树上筑巢。巢为盘状，由树枝或干草叶等组成。

白尾海雕的嘴和脚为黄色，头、颈部为浅褐色，背部为暗褐色，腰及尾上的羽毛为暗棕褐色，尾部为白色。

别称：白尾雕、黄嘴雕、芝麻雕

目：隼形目

科：鹰科

体长：84~91 厘米

红嘴鸥的身体轻盈灵活，可以降落在水中的漂浮物上。它们喜欢群居，常常成群地在湖泊、河流、鱼塘、等地方觅食，主要以鱼、虾、昆虫为食。红嘴鸥胆子比较大，会接受人们的投喂。

红嘴鸥

【鸥属】

红嘴鸥在水中捕鱼。

红嘴鸥的嘴和脚都为红色，身体大部分的羽毛为白色，尾部羽毛为黑色，外形近似于鸽子。

别称：笑鸥、钓鱼郎

目：鸥形目

科：鸥科

体长：37~43 厘米

绿翅鸭

【鸭属】

绿翅鸭是一种小型鸭类，所以又叫“小水鸭”“小麻鸭”。雄性绿翅鸭头顶两侧各有一条宽阔的绿色带斑，从眼睛一直延伸到颈侧。绿翅鸭常常成群结队地在水面上游泳、觅食，当看到水底下有鱼靠近，它会猛地将头扎进水里捕捉猎物。绿翅鸭除了吃鱼外，也会吃螺、甲壳类、水生昆虫等。绿翅鸭春天飞往北方繁殖，秋季回到南方越冬，迁徙的队伍时而几十只，时而上百只。

雌性绿翅鸭的身体为暗褐色，翅膀上的绿色斑块比雄性的小。

别称：小凫、小水鸭、小麻鸭

目：雁形目

科：鸭科

体长：35~38 厘米

针尾鸭

【鸭属】

针尾鸭的尾巴比其他鸭类长，尾梢形似针状，很尖细，所以又被称为“尖尾鸭”。针尾鸭喜欢群体活动，白天在水面上浮游休息，黄昏以及晚上会钻到浅水处觅食。它们觅食的时候，头部朝下、屁股朝上，呈倒立状，以水中的植物茎、叶、根部、种子等为食，繁殖期间，也会吃一些水生昆虫、淡水螺等小动物。

雄性针尾鸭的头部为灰白色，雌性的头部为暗褐色，有黑色斑纹。

别称：尖尾鸭、长尾凫、中鸭

目：雁形目

科：鸭科

体长：43~72 厘米

凤头潜鸭要助跑一阵才能顺利起飞。

凤头潜鸭

【潜鸭属】

凤头潜鸭的头顶长着细长的羽冠，喜欢生活在河流、湖泊以及池塘中。凤头潜鸭擅长游泳和潜水，经常潜入深水处觅食。群游队伍中，只要有一只凤头潜鸭扎入水中下潜，其他同伴也会纷纷跟着潜入水中。它们可以潜入水下 2~3 米处，主要以小鱼、蛤、螃蟹等动物为食。

雄性凤头潜鸭的羽冠较长，身体为黑白双色。

别称：泽凫、凤头鸭子、黑头四鸭

目：雁形目

科：鸭科

体长：40~47 厘米

红冠水鸡

【黑水鸡属】

红冠水鸡有很高的警觉性，遇到危险时会立刻钻进草丛中躲避。它的翅膀比较短，不擅长飞行。红冠水鸡擅长游泳和潜水。游泳时会不断点头，让自己的尾巴上下起伏。它的腿和趾都很细长，可以抓住水下的植物行走。红冠水鸡主要以水草、种子、嫩茎为食，偶尔也会吃一些小型水生动物。

红冠水鸡嘴巴前端为黄色，上部为红色，与红色的额甲相连，体侧有白色斑纹。

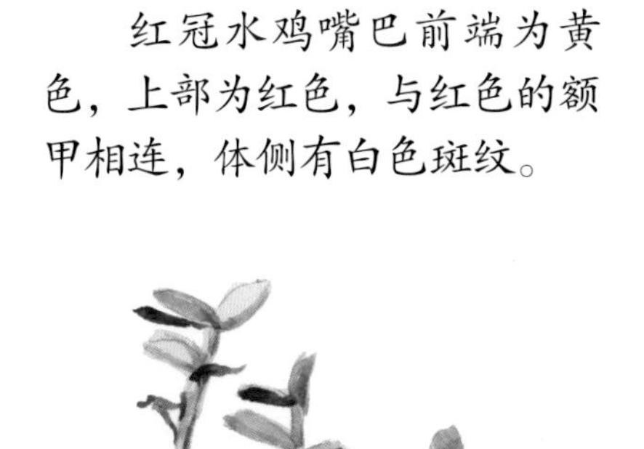

别称：红冠秧鸡、黑水鸡、红骨顶

目：鹤形目

科：秧鸡科

体长：24~35 厘米

趾部细长，可以抓住水生植物行走。雏鸟孵出当天就可以下水。

水雉

zhì

【水雉属】

水雉的身材纤细，形态优雅。它的趾不仅长而且直。春天，它们会飞往北方繁育后代。雄鸟负责在荷叶上或者一些大型的水生浮草上筑巢，孵卵和养育雏鸟也由雄鸟负责。

雏鸟出壳不久，就能自己走路觅食。

水雉的羽毛颜色冬夏两季不同。夏天是繁殖时期，雌、雄水雉都会长出长长的黑色尾羽，头顶、面颊和前颈是白色，后颈为金黄色，翅膀为白色；冬天时，水雉尾羽会变短，头、颈部为黑褐色。

别称：鸡尾水雉、长尾水雉

目：鸻形目

科：水雉科

体长：31~58 厘米

鸿雁喜欢在开阔的地方安家，特别是平原上的湖泊、河流、沼泽等水生植物茂密的地方。白天它们漂浮在水面上或者在草丛中休息，休息期间会有“哨兵”放哨，一旦发现有危险，“哨兵”就立刻高声鸣叫，然后展翅高飞，其他鸿雁也会拍打翅膀随之飞走。鸿雁飞行有序并且会变换队伍，一会儿排成“一”字，一会儿又变成“人”字。

鸿雁

【雁属】

鸿雁是迁徙鸟，古代诗人一般用它寄予思乡之情。古时候，它被驯化用来传递书信，所以有“鸿雁传书”之说。

别称：原鹅、随鹅、奇鹅、黑嘴雁、沙雁、草雁

目：雁形目

科：鸭科

体长：82~93 厘米

白额雁擅长游泳和潜水，但它更喜欢在陆地上活动。冬天，它们会集群飞去温暖的地方。由于与鸿雁的生活习惯相似，在迁徙的路途中，经常能看到它们和鸿雁混在一起休息和觅食，但到重新起程时，它们又会立刻回归自己种群的队伍中去。

白额雁

【雁属】

白额雁额头上有一大块白色斑纹，背部为灰褐色，腹部为白色，嘴和腿为黄色。

别称：花斑雁、明斑雁

目：雁形目

科：鸭科

体长：64~80 厘米

白额雁与其他鸟类混在一起休息。

凤头麦鸡的栖息地有很多，在沼泽、湖泊、水塘、农田，甚至低山丘陵都能看到它们的身影。凤头麦鸡的视觉和听觉都很好，每当看见蚯蚓、蜗牛，就会立即用它尖尖的嘴夹住并吞食。它拍打翅膀的频率缓慢，所以飞行速度很慢，但它们动作灵活，可以在空中上下翻飞。

凤头麦鸡羽冠细长，向前弯曲，墨绿色的背部泛着光泽，前胸长着宽宽的黑色带斑，肚子是白色的，羽毛的颜色非常分明。

凤头麦鸡

【麦鸡属】

凤头麦鸡在泥地里觅食。

别称： 田凫

目： 鸻形目

科： 鸻科

体长： 29~34 厘米

黑颈鹤

【鹤属】

为了吸引雌性黑颈鹤，雄性黑颈鹤伸展双翅跳舞，并且不停地鸣叫。

黑颈鹤生活在海拔2500~5000米高原的湖泊、沼泽、溪流等地，是鹤类中唯一的高原鹤。黑颈鹤喜欢群体活动，以水藻、荆三棱，植物的茎、叶为食，也会在浅滩捉鱼吃。栖息的时候，它们会将嘴插进背部的羽毛中，单脚站在河滩上。

别称：藏鹤、雁鹅、黑雁

目：鹤形目

科：鹤科

体长：110~120 厘米

草鹭

【苍鹭属】

草鹭的脖子很长，总是呈“S”形弯曲着。它们喜欢在生长着茂密芦苇的湖泊、沼泽中生活，虽然喜欢群居，可是觅食的时候却总是独自或者两只结伴行动。它们缓慢地在河道中行走，或者站立不动等着鱼群靠近。鱼群一旦靠近，它们会迅速地伸长脖子用坚硬的嘴叼住鱼，上岸之后再将鱼吞进肚中。

草鹭的头后长着黑色的饰羽。

草鹭在水中捕鱼的样子。

别称：紫鹭

目：鹳形目

科：鹭科

体长：83~97厘米